Tableaux

DES

POIDS ET MESURES LÉGAUX ET USUELS,

PRÉCÉDÉS DE RECHERCHES

SUR LES POIDS ET MESURES

EN USAGE DANS TOUTES LES COMMUNES DU DÉPARTEMENT EN 1789,

Par M. Quantin,

Archiviste du département de l'Yonne.

AUXERRE,

IMPRIMERIE DE ED. PERRIQUET.

—

1859.

TABLEAUX

DES

POIDS ET MESURES LÉGAUX ET USUELS,

PRÉCÉDÉS DE RECHERCHES

SUR LES POIDS ET MESURES

EN USAGE D'ANS TOUTES LES COMMUNES DU DÉPARTEMENT EN 1789,

Par M. Quantin,

Archiviste du département de l'Yonne.

Auxerre,

IMPRIMERIE DE ED. PERRIQUET.

—

1839.

SE TROUVE :

**A Auxerre, chez MM. QUANTIN et PERRIQUET, Éditeurs;
Et chez M. Guillaume MAILLEFER, libraire.**

PRÉFACE.

L'époque prochaine de la suppression totale de l'usage des poids et mesures anciens ou usuels dans les actes publics et privés et dans le commerce, va laisser, pendant quelque temps, une grande incertitude sur l'appréciation des mesures nouvelles avec celles qui vont être prohibées et réciproquement. Comme il ne sera plus permis d'énoncer, dans les actes publics et privés de toutes sortes, les anciennes mesures qui, comme on le sait, variaient à l'infini dans les communes du département, surtout celles des terres, des grains et des liquides; il m'a semblé qu'un travail dans lequel on donnerait, pour chaque commune, les mesures particulières qui y étaient en usage en 1789, c'est-à-dire avant la création du système légal, avec leur valeur en mesures légales, aurait d'abord le mérite de l'à-propos. Tel a été le but principal qui m'a dirigé dans la première partie de cet ouvrage.

J'ai pensé aussi qu'outre leur valeur d'actualité, ces documents pourraient, par la suite, servir pour apprécier le prix des objets de consommation et de commerce estimés diversement suivant les mesures des divers lieux; opération impossible sans un travail comme celui-là.

La deuxième partie est composée d'un court exposé du système métrique et des tableaux des mesures nouvelles que les lois de l'an 3 et de l'an 8, constitutives du système décimal des poids et mesures, ont établies, et que celle du 4 juillet 1837 a rendues obligatoires à compter du 1er janvier 1840.

Cette partie, d'un usage plus pratique que la première, a été formée des tableaux de mesures légales et usuelles comparées entre elles suivant l'emploi qu'on a fait de ces dernières dans le département jusqu'à ce jour. J'ai cru devoir faire ces tableaux de comparaison pour suppléer à ce qui manque dans tous les ouvrages de ce genre qui ont été faits jusqu'à présent. Ne pouvant, dans un ouvrage aussi peu étendu que celui-ci, donner à cette partie tous les développements désirables, j'ai fait tous mes efforts pour mettre dans le cadre qui m'était tracé le résumé complet de tout ce qui est nécessaire pour connaître les poids et mesures légaux et pour s'en servir en en appréciant les rapports avec ceux dont l'emploi va être absolument prohibé.

TABLEAUX

DES POIDS ET MESURES LÉGAUX ET USUELS

AVEC LEURS RAPPORTS RÉCIPROQUES.

CHAPITRE Ier.

Des poids et mesures en France au moyen-âge. — Des agents chargés de leur conservation et de leur gestion. — Des poids et mesures dans le département à la même époque.

---

§ Ier.

Des poids et mesures en France au moyen-âge.

L'uniformité dans les poids et mesures a été le but des efforts de plusieurs de nos rois dans le moyen-âge ; Charlemagne, St.-Louis, François Ier et Henri II ont essayé d'établir l'unité dans cette partie importante de l'administration publique. Mais leurs tentatives ont toujours éprouvé des résistances qui les ont rendues vaines ; résistances, soit de la part des pouvoirs inférieurs de l'état qui ne suivaient pas toujours les rois dans la voie du progrès, soit de la part du peuple dont l'ignorance opposait une barrière d'inertie que le temps n'a pu vaincre. Une révolution était nécessaire pour amener ce résultat.

Dans chaque province, dans chaque seigneurie, dans chaque village même, les poids et mesures variaient. Il faudrait, pour connaître avec justesse les causes de ces variations, les rechercher dans l'histoire de la fondation de la nationalité française, par l'agrégation de plusieurs peuples, ayant des usages différents. Il faudrait aussi tenir compte de la liberté qu'on avait, sous la domination romaine, de contracter à la mesure que l'on voulait, pourvu qu'on le déclarât dans les actes ; ainsi que de la volonté des seigneurs qui, devenus plus tard, maîtres de disposer de cette branche de l'administration dans leurs domaines, ont pu la fixer suivant leur gré. Mais ces digressions seraient inutiles au but que nous nous proposons ; nous ne nous arrêterons donc qu'à quelques observations générales sur l'état des poids et mesures en France dans le moyen-âge, et plus spécialement sur celles en usage dans le département à la même époque.

On distingue les mesures par différentes dénominations relatives à l'usage auquel elles sont destinées ; ce sont les mesures de *pesanteur*, de *longueur*, de *capacité pour les liquides et les matières sèches et des solides*.

Les mesures de *pesanteur* étaient la livre de 16 onces et ses subdivisions.

Celles de *longueur* étaient, pour les petites surfaces, la toise de 6 pieds, le pied de 12 pouces et ses subdivisions.

L'aune, surtout pour les étoffes, dont la grandeur était variable. Celle de Paris était de 3 pieds 7 pouces 8 lignes anciens, ou près de 4 pieds romains.

Pour les grandes surfaces, la lieue de 2000 toises qui était la lieue de poste et celle de 25 au degré ou lieue commune.

Et pour les terrains, l'arpent en usage dès les premiers siècles de la monarchie dans une grande partie de la France. En Bourgogne, le journal, la seytorée, la danrée. En Normandie, l'acre. La perche, unité de l'arpent dont il fallait 80 ou 100 pour l'arpent.

Ces mesures de noms différents variaient encore selon les divers pays où elles étaient employées.

La perche elle-même n'était point fixe ni dans son nom ni dans sa longueur. Dans certains pays, on l'appelait perche, dans d'autres, chaîne, corde ou carreau. Elle était de dix pieds ou deux pas d'homme ; on en trouve de 15 pieds, de 16, de 20 et même de 30.

Les grandes mesures de capacité pour les liquides étaient le muid, la feuillette, le setier ; dans le midi, la barrique, la tonne. En Bourgogne la queue, la 1/2, le poinçon, le quartot.

Les petites mesures étaient la pinte, la chopine, le petit

setier , le 1/2 setier ; des variations de ces mesures étaient nombreuses.

Les mesures de capacité pour les matières sèches et spéciale- ment pour les grains, en commençant par les plus grandes, étaient le muid (1), le setier (*sextarius*), l'emine (*Emina*), le minot, le bichet, le boisseau, la quarte et le picotin.

Ces mesures variaient, dans chaque province, de capacité et de rapports entre elles. Le setier et le boisseau étaient les plus usités. On peut voir, dans le recueil général des cou- tumes, les diverses valeurs de ces mesures (2).

Henri II, comme ses prédécesseurs, avait reconnu tous les vices de ce mode d'administration qui gênait extrême- ment les relations commerciales et facilitait la fraude ; il voulut y remédier autant qu'il était en son pouvoir. Son ordonnance, du mois d'octobre 1557, contient à cet égard des dispositions dont les effets eurent d'excellents résultats pour le commerce d'une grande partie de la France, pour celle surtout dont les relations avec Paris étaient fréquentes.

Elle portait : « La livre contiendra 2 marcs, le marc 8 » onces, l'once 8 gros, le gros 3 deniers, le denier 24 grains » pour y être vendues toutes marchandises.

» La toise restera la même de 6 pieds.

» L'aune contiendra 3 pieds et demi de roi, un pouce 8 » lignes. L'arpent, pour les terres, sera de 100 perches à la » perche de 22 pieds.

» Pour toutes espèces de grains, le boisseau, dont 3 font le minot, 4 minots le setier et 12 setiers le muid.

» Quant aux mesures des liquides, le muid de vin con- » tiendra dorénavant 36 setiers sur marc et lie ; en sorte » que chaque fût de vin, compris le marc et la lie, contien- » dra 37 setiers 1/2, le setier de vin 8 pintes, le demi-muid » et le quart de muid à l'équipollent. »

Cette ordonnance fut confirmée dans les deux siècles sui- vants par des arrêts du parlement et par plusieurs édits royaux.

---

(1) A Paris le muid pour le blé valait 12 setiers, le setier 2 mines, la mine, mesure de compte, 2 minots, le minot 3 boisseaux, le boisseau 4 quartes, la quarte 4 litrons. Le litron se divisait en 1/2 et en pouceon.

(2) Charlemagne établit une nouvelle mesure pour les grains ; c'était un boisseau de 20 livres. Il ordonna que tous les grains seraient vendus à cette mesure. (capitul. an. 794).

La seule modification fut celle apportée à l'aune, en 1688. Il fut ordonné, qu'au lieu de 3 pieds 7 pouces 8 lignes qu'elle avait, elle serait augmentée de 2 lignes 5/6 ce qui la porta à 3 pieds 7 pouces 10 lignes 5/6, et la rendit égale à 4 pieds romains.

L'ordonnance sur le réglement des eaux et forêts du mois d'août 1669, contient une disposition relative à l'arpentage des bois qui décida que cette mesure serait une pour toute la France; ce qui eut lieu en effet jusqu'à la révolution.

Elle porte « que nulle mesure n'aura lieu et ne sera em-
» ployée dans les bois et forêts sans aucune exception, que
» la mesure de 12 lignes pour pouce, 12 pouces pour pied,
» 22 pieds pour perche et 100 perches pour l'arpent nonobs-
» tant tous usages et possessions contraires, (1).

La puissance sans bornes de Louis XIV et l'organisation complète qu'il établit dans l'administration des eaux et forêts firent admettre partout, pour les forêts, l'uniformité de mesures que toute la persévérance de ses prédécesseurs n'avait pu obtenir pour aucune partie de cette branche de l'administration.

La révolution de 1789 arrivant, trouva donc le désordre le plus grand dans la majeure partie du système des poids et mesures.

Alors des savants se mirent à l'œuvre et produisirent sur cette matière l'admirable système que nous donnerons à la fin de cet ouvrage.

§ 2.

Des agents chargés de la conservation des poids et mesures et de leur gestion.

Pour la gestion et la conservation des poids et mesures publics, les rois et les seigneurs établirent des personnes *capables et honnêtes* dont les fonctions consistaient principalement à régler les transactions des citoyens, soit dans le mesurage des terrains, soit dans les opérations commerciales et les ventes sur les marchés publics.

Dès le 12ᵉ siècle on trouve l'institution d'arpenteurs jurés

---

(1) Ordonnance des eaux et forêts, titre de la police et conservation des forêts, etc.; art. 14.

qui étaient nommés par un arpenteur général à la nomination du roi seul.

Leurs priviléges étaient très-étendus ; ils étaient exempts de tous péages, cens et impôts sur leurs biens.

Il y avait aussi des jurés mesureurs de grains, de liquides, de charbon, de plâtre et autres substances qui étaient dans le commerce. Leur office était semblable à celui des mesureurs d'aujourd'hui.

Leur nom de jurés vient du serment qu'ils prêtaient devant le bailli avant leur entrée en fonctions.

§ 3.

Des poids et mesures dans le département au moyen-âge.

Chacune des cinq provinces qui ont apporté leur contingent de communes pour la formation du département, ont apporté également leurs variétés de mesures qui prenaient leurs sources dans les différentes coutumes sous lesquelles chaque province avait vécu.

Aussi voit-on dans le département les mesures en général et les mesures agraires en particulier, être, pour ainsi dire, différentes dans chaque commune.

Les mesures de longueur et de pesanteur sont semblables ou à peu près partout, à celles de Paris.

Celles de capacité des liquides et des grains présentent, au contraire, de nombreuses variations. Celles des substances minérales sont quelquefois les mêmes que celles des grains.

Quelques recherches historiques, à l'appui de ce que nous avançons, ne seront peut-être pas sans intérêt pour l'objet que nous nous proposons dans cet ouvrage.

Les mesures agraires étaient, dans toutes les communes, l'arpent de 100 perches carrées ; le journal, qui, dans celles de la province de Bourgogne, était de 360 perches de 9 pieds 1/2 et dans les autres une subdivision de l'arpent, le 1/3 ou les 2/3.

Outre ces mesures générales des terrains, il y avait l'ouvrée, la danrée ou hommée, la maillée pour les vignes. La première de ces mesures était employée dans les communes provenant de l'ancienne Bourgogne, et valait le 8e de l'arpent. Les deux autres usitées en Champagne et Ile de France, étaient ordinairement la 6e partie de l'arpent.

Les prés se mesuraient aussi à la scée ou seytorée en Bourgogne, à la soyture en Champagne et Ile de France; l'andin était une petite mesure.

Les terres à chenevières se mesuraient par hâtes, henrures, petites mesures dont la contenance est difficile à déterminer.

La perche, qui était l'unité de l'arpent, variait de nom et de valeur. On l'appelait chaîne, verge, corde ou carreau. Il y en avait de 9 pieds 1/2, de 17, 18 et jusqu'à 28 pieds.

On distingue dans les titres des 12, 13 et 14 siècles l'arpent de Champagne de celui du roi ; celui-ci était 1/4 plus grand que l'autre. En 1233, on mesurait les terrains à Auxerre, à Sens, etc., à l'arpent royal de 40 toises.

En 1349 Guichard d'Ars, bailli de Sens, régla par une ordonnance, la quantité de cordes dont l'arpent devrait être composé et la capacité de chacune (1). Cette ordonnance porte: « L'arpent aux environs de Sens, c'est-à-dire à Ville-
» neuve-le-Roi, St.-Julien-du-Sault, Dixmont etc., con-
» tiendra 24 à 25 pieds pour perche et sera appelé le Grand-
» arpent. Les terres de l'archevêché, 20 pieds 1/4, les
» terres du chapitre de Sens, 19 pieds, les terres de Saint-
» Pierre-le-Vif, 19 pieds et 99 perches; et à celles de Sainte-
» Colombe, 18 pieds pour perche ».

En 1520, les mesures de Champagne étaient distinctes de celles de l'Ile de France. « A Villeneuve-le-Roi, Passi, Dix-
» mont, les arpenteurs disent avoir toujours mesuré à deux
» mesures, à 20 pieds pour perche pour les terres de cen-
» sive et à 18 pieds pour les terres de fief. La perche royale
» était alors de 20 pieds. »

A Tonnerre, on mesurait les terres et les prés à la corde de 28 pieds. Une ordonnance du conseiller Scarrion, délégué par le parlement, en 1602, pour l'évaluation des terres du comté de Tonnerre, la fixé à cette mesure. Ce n'est que vers la fin du 18e siècle qu'on employa la perche de 20 pieds. (Mémoire des habitants de Tonnerre en 1776 contre le marquis de Courtanvaux.)

---

(1) Un censier de Sens de l'an 1406 diffère un peu de cette ordonnance. Il donne à l'arpent de l'archevêque 100 perches à 22 pieds 1/4 et appelle mesure du roi la perche de 22 pieds les autres sont semblables.

La perche des bois suivait l'usage des localités. L'arpent en était de 100 perches. En Bourgogne, cet arpent était composé de 440 perches de 9 pieds et demi. L'ordonnance sur les eaux et forêts de 1669 réforma toutes ces mesures et les remplaça par la perche de 22 pieds. (*V. p. 8.*)

Les mesures des liquides offrent de nombreuses variations; surtout celles des petites capacités (1). L'ordonnance de Henri II, de 1557, ayant contraint de faire les grandes uniformes à cause des relations de commerce qu'on avait avec Paris, ces mesures n'ont plus varié depuis, du moins légalement. Des lettres patentes du mois d'avril 1715, confirmèrent les dispositions de cette ordonnance pour les villes d'Auxerre, Villeneuve-le-Roi, Chablis, Tonnerre, Vermenton et Joigni, en prescrivant aux tonneliers et fabricants de tonneaux de déposer au greffe de la justice du lieu de leur habitation la matrice de leur marque, à peine de 100 liv. d'amende et de confiscation des tonneaux. Il fut défendu aux propriétaires de vignes et autres d'entonner leurs vins dans des fûts d'une contenance inférieure à celle voulue par l'ordonnance précitée, et à peine de 500 liv. d'amende.

Un arrêt du parlement, rendu à la requête du procureur-général, le 7 septembre 1782, confirma l'exécution de ces lettres patentes, pour les villes qui y sont énoncées. Nous voyons en effet, dans les actes et les états des mesures des communes, le muid estimé de la capacité de celui de Paris.

Les mesures des grains étaient le muid, le setier, la mine, le bichet, le boisseau et le picotin.

Les trois premières étaient des mesures de compte. Les comptes de recettes et dépenses du chapitre St.-Etienne de Sens depuis le 13e au 18e siècle, nous apprennent que, dans ce diocèse, le muid valait douze setiers, le setier 8 bichets ou 4 mines, la mine, peu usitée, 2 bichets, le bichet 2 boisseaux le boisseau se divisait en 1/2, 1/3 et en 24 parties.

(I) Lebœuf nous apprend qu'au douzième siècle, l'évêque d'Auxerre usait d'une mesure appelée *modius*, dont il fallait 40 pour le tonneau : il évalue cette mesure à huit pintes de Paris (T. 2 p. 72). Au 14e, 15e et 16e siècle, au diocèse de Sens, il y avait des queues qui valaient 2 muids. Le muid était le nom d'un vaisseau dont la capacité était de 20 ou 30 setiers; on le nommait muid ; vingtains, trentains. (Au 16e siècle, on voit des quinzains) Le setier tenait 8 pintes dont la capacité n'est pas facile à déterminer.

Il fallait, dans quelques communes, 4 boisseaux, dans d'autres, 2 pour le bichet. La quarte, comme son nom l'exprime, était le quart du bichet.

On verra, dans les tableaux généraux des anciennes mesures des communes, les diverses variations de pesanteur du bichet.

Les mesures des substances minérales. Le plâtre se mesurait à la feuillette de Paris, au bichet ou boisseau, suivant l'usage des lieux, et au poids. On le mesurait aussi à la toise cube surtout quand il était brut.

La chaux se mesurait au muid et à la feuillette des liquides.

Le minerai à la feuillette jauge de Beaune.

Le sel, au minot, au breneau et au boisseau, suivant la capacité de ces mesures.

La pierre qu'on employa pour la construction de la cathédrale de Sens aux 15e et 16e siècles se vendait au tonneau de 14 pieds carrés.

Les mesures de bois de chauffage et de charpente variaient à l'infini. On peut voir dans le tableau général des anciennes mesures, p. 20, les principales de celles employées en 1789.

Le charbon de bois se vendait au muid, à la feuillette, au banneau *V.* aussi le tableau général, page 20.

CHAPITRE II.

§ 1. *Des mesures dont la connaissance fera le sujet principal de ce chapitre et du suivant ; leurs subdivisions.* § 2. *Leur valeur en mesures légales. Tableaux généraux de toutes les mesures anciennes.*

§ Ier.

Les mesures agraires, de capacité pour les liquides et de capacité pour les grains évalués en pesanteur, en usage en

1789, dans toutes les communes du département, sont celles sur lesquelles j'ai cru nécessaire de donner des détails circonstanciés. Quant aux mesures de longueur, de pesanteur, des bois et charbons et des substances minérales, je n'ai fait qu'en donner une nomenclature abrégée et succinte, parce qu'elles étaient, les unes d'un usage uniforme dans toute l'étendue du département, ou semblables à celles de Paris; les autres, d'une médiocre importance et pouvant, au reste, être rapportées à celles que j'ai présentées. (*V.* pour la valeur de toutes ces mesures en mesures légales les tableaux généraux, page 15).

Mesures agraires.

Les *mesures agraires* étaient, pour toutes les espèces de terrains, 1° l'arpent de 100 perches carrées (1) qui se subdivisait en 1/2, 1/3, 1/4, 1/8, en six danrées et en journal qui en faisait ordinairement les deux tiers.

2° Le journal de 360 perches carrées de 9 pieds 1/2, usité dans une partie des communes de l'arrondissement d'Avallon. L'arpent valait alors 540 de ces perches.

3° La perche, appelée aussi corde, chaîne ou carreau, était l'unité agraire. Sa grandeur variait de 9 pieds 1/2 à 26 pieds.

On mesurait aussi les prés à la scée ou seytorée et à la soyture ; ces trois termes étaient synonimes mais différaient de valeur selon les pays.

Les vignes se mesuraient aussi par parisée, la 5e de l'arpent par ouvrée ou hommée, qui étaient la 8e ou la 10e partie.

Les bois, d'après l'ordonnance du mois d'août 1669, se mesuraient partout à l'arpent de 100 perches carrées de 22 pieds.

Mesures de capacité pour les liquides.

Les mesures de capacité pour les liquides, en commençant par les plus grandes, étaient le muid, le poinçon, la feuillette, le quart ou quartot et le huitième.

Le muid contenait 300 pintes ou bouteilles de Paris, y compris la lie ou 288 sur lie et mare. (*V.* ordonnance de 1557 page 7 ; le poinçon contenait 240 pintes.

---

(1) Quelques communes seulement employaient aussi ceux de 80 et de 120 perches carrées.

La feuillette, 150 pintes de Paris.

Le quart , 75 pintes et le huitième 37 pintes 1/2

Il y avait, en outre, des mesures de compte qui étaient le setier valant 8 bouteilles de Paris 1/3 ; il en fallait 56 pour le muid de 300 pintes ;

La velte ou 18 setiers valant 150 pintes de Paris ;

La jauge, nom donné à la pinte, était 1/5 plus grande que celle de Paris. Dans beaucoup de communes on ne comptait que par feuillettes de jauge.

Toutes ces mesures étaient uniformes dans le département.

Les petites mesures étaient le pot, qui tenait deux pintes ; la pinte, 2 chopines ou bouteilles ; celle-ci ordinairement 3 demi-setiers ; et dans quelques communes 2 chauvots et 4 demi chauvots.

Je n'ai rapporté dans les tableaux des mesures des communes, que la pinte à vin, parce que les autres liquides s'y mesuraient ordinairement.

Mesures de capacité pour les grains évaluées en pesanteur.

Ces mesures étaient le bichet, le minot, le boisseau, la mesure, le rez, la quarte, le picotin. Le muid et le setier, grandes mesures de compte, n'étaient plus guère en usage.

Le bichet se divisait en 2 ou 4 boisseaux, suivant les lieux ; en 2 rez, mesure usitée dans quelques communes ou en 2 mesures ; la quarte, comme l'indique son nom, en était le quart, et le picotin le huitième.

Le minot, dans quelques communes, servait pour l'avoine. Je n'ai rapporté, pour le poids du bichet, que celui du blé, parce que cela seul suffit pour faire connaître la capacité du bichet.

§ 2.

Tableaux généraux contenant les Mesures anciennes et leurs rapports avec les mesures légales.

Les Tableaux suivants sont le résumé complet des mesures usitées dans toutes les communes du département, page 22 et suivantes. Une mesure étant donnée, on la trouvera dans ces Tableaux avec sa valeur en mesures légales.

MESURES AGRAIRES.

NOMS DES ANCIENNES MESURES.	leur VALEUR en ares.	Observations.

Toutes espèces de terrains.

La perche linéaire de

	pieds		ares	cent	
Perche carrée ou carreau	9 1/2		0	09	52
	18		0	34	19
	19		0	38	09
	20		0	42	21
	22		0	51	07
	24		0	60	08
	25		0	66	02
	26		0	71	28
(*) Arpent { de 100 perches carrées	18		34	18	9
	19		38	09	3
	20		42	26	8
	22		51	07	2
	24		60	07	8
	25		66	02	3
	26		71	28	5
de 80	22		40	85	8
de 120	22		61	28	6
Journal { de 560	9	1/2	34	28	
de 240	9	1/2	22	85	
de 75 à l'ar-{ pent	20		31	65	6
	22		58	30	
de 66 2/3 les 2/3 de l'ar-{ pent à	20		28	13	9
	22		34	04	8
	26		47	52	
de 40 perc. de	22		20	42	9
1/3 de l'arp.	20		14	06	9
de 37 1/2 à	22		19	15	
Danrée ou enrée le 1/6 de l'arpent à	22		8	51	2

(*) Pour réduire la perche en ares, il faut carrer le nombre de pieds dont elle se compose, et le diviser par 947 pieds carrés 7, valeur de l'are.

NOMS DES ANCIENNES MESURES.	leur VALEUR en ares.	Observations.

Mesures particulières aux vignes.

	ares	cent.	
La perche linéaire de			
Parisée 1/5 de l'arpent à 22 pds	10	21	4
Ouvrée ou Hommée. { de 45 perc. à 9 1/2	4	28	5
de 54 ⋯ 9 1/2	5	14	
de 50 ⋯ 9 1/2	4	76	
1/8 d'arpent à 22	6	38	4
id. id. 20	5	27	6
1/10 id. 22	5	10	7
id. id. 20	4	22	
La Fête 1/12 de l'arpent 26	5	94	

Prés.

	ares	cent.	
Soiture ou journal de 360 perches de 9 pieds 1/2	34	28	3
Scée ou Soiture de 66 p. 2/3 à { 20	28	13	9
l'arpent de 22	34	04	8
26	47	52	

MESURES DE CAPACITÉ POUR LES LIQUIDES.

NOMS DES ANCIENNES MESURES.	leur VALEUR en litres.		Observations.
	litres.		
Muid (1) de Paris { 288 pintes	267	95	(1) Le muid, selon l'ordonnance de 1557, devait tenir 500 pintes de Paris, y compris le mare et lie ou 288 piutes sans mare ni lie.
300 pintes	279	12	
Feuillette de { 150 pintes	139	56	
144 pintes	133	98	
Setier (2)	7	44	(2) C'était l'étalon qui servait à mesurer la capacité des futailles, il en fallait 36 pour le muid de 288 pintes.
La demie-queue tenant les 3/4 du muid de 300 pintes	209	34	
Poinçon d'Orléans de 240 pintes de Paris	223	20	
Queue de Bourgogne.	418	55	(3) Le demi-setier valait 0 l. 51 : quelques communes l'évaluent à un ou deux centilitres de plus, ce qui établit un peu de différence avec Paris. — Le pouce cubique nouveau valant 0 l. 198 : il y a donc 47 pouces cubiques métriques dans la pinte de Paris.
Pinte ou bouteille de Paris, tenant trois demi-setiers (3) ou neuf verres, pesait deux livres et sa capacité était de 48 pouces cubiques anciens	0	95	

NOMS DES ANCIENNES MESURES.	leur VALEUR en litres.	Observations.
	litres.	
Pinte 1/3 plus grande que celle de Paris	1 11	
— 1/4 idem	1 16	
jauge	1 24	
— 1/3 idem	1 24 (1)	(1) Cette pinte, appelée vulgairement la jauge, était très-usitée et tenait 4 demi-setiers.
— 2/5 idem	1 50	
— 1/2 idem	1 40	
— 2 fois celle de Paris	1 86	
— 2 fois et demie celle de Paris	2 52	
— 2 fois 2/3 (1)	2 48	(2) Ou 24 verres
— 3 fois	2 79	
— de 5 demi-setiers ou 90e partie de la feuillette de 150 pint.	1 55	
— id. de la feuillette de 144 p.	1 48	
Pinte de 5 demi-setiers et demi ou la 80e partie de la feuillette de 150 pintes	1 70	
100e de la feuillette de 150 pint.	1 40	
Pinte de 10 verres	1 03	
— de 12 verres ou la jauge	1 24	
— de 16 verres (3)	1 65	(3) 80e partie de la feuillette de 144 pintes.
— de 2 livres 2 onces (4)	0 99	(4) Celle de Paris pesait 2 livres.
3 livres	1 39	
2 10	1 22	
3 6	1 37	
3 1/4	1 51	
4	1 86	
4 2	1 93	
5	2 32	
— de 53 pouces cubiques anciens	1 04	
— 62 idem	1 20	
— 65 idem	1 24 (5)	(5) Ou un demi-setier plus grande que celle de Paris.
— de Pontaubert	1 57	
— de Bourgogne valant 3 bouteilles de Paris	2 79	
— de Noyers	1 70	
— de Moutiers-Saint-Jean ou Réome, valant 2 pintes de Paris et un demi-setier	2 17	
— de Sainte-Reine, valant 3 bouteilles de Paris	2 [illegible]9	
— de Troyes	[illegible]6	

MESURES DE CAPACITÉ POUR LES GRAINS.

NOMS ET POIDS des anciennes mesures.		leur VALEUR en litres.		Observations.
	livres.	litres.		*Nota.* Dans les tableaux des communes, le mot BOISSEAU, placé à côté du poids des grains, indique que le bichet se divise en 4 cartes. Dans celles où ce mot manque, le bichet ne se divise ordinairement qu'en deux boisseaux, excepté dans l'arrondissement d'Avallon ; et dans celles où est le mot MESURE, le bichet se divise en 4 boisseaux.
Le bichet de	38	24	5	Les lettres *R* et *C*, signifient ras et comble.
	40	25	8	
	42	27	1	
	43 à 44	28	3	
	44	28	4	
	45	29	0	
	58	37	4	
	60	38	7	
	64	41	3	
	65	41	9	
	66	42	6	
	69 à 70	44	8	
	70	45	16	
	70 à 72 ou 71	45	8	
	72	46	45	
	73 à 74 ou 73 1/3	47	35	
	75	48	4	
	76	49	0	
	80	51	6	
	84	54	2	
	85	54	8	
	86	55	5	
	84 à 90 ou 87	56	1	
	88	56	8	
	90	58	0	
	90 à 94 ou 92	59	35	
	92 à 96 ou 94	60	64	
	96	64	9	
	100	64	5	
Le boisseau de	Avallon 20	12	9	*Nota.* Le poids du décalitre de blé de bonne qualité est de 7 kilog. 58735, ou 15 livres 1/2.
	Brai 26 2/3	17		Le poids moyen de l'hecto-litre de blé est de 75 kilogr.
	Epoisses 21	13	5	
	Montréal 22	14	2	
	Ragni 22	14	2	
	Rouvrai 27	17	4	
	Réome ou Moutiers			
	St.-Jean 24	15	4	
	Sens 36	23	2	
	Thorigni 40	25	8	
	Paris	13	0	

MESURES DE LONGUEUR.

NOMS DES ANCIENNES MESURES.	leur VALEUR en mètres.		Observations.
	mèt.	mill.	
Toise de Paris de 6 pieds	1	949	
et ses sub-divisions { pied de 12 pouces	0	324	
pouce de 12 lignes	0	027	(1) Etait en usage dans les communes des cantons de Guillon Montréal et Noyers.
ligne de 12 points	0	002	
Toise de Bourgogne de 7 p. 6 p. (1)	2	436	
Aune de Paris de 3 pieds 7 pouces 10 lignes 5/6 (2)	1	188	(2) Outre l'aune de Paris, on faisait usage de beaucoup d'autres aunes qui servaient surtout aux tisserands, voici le tableau des principales :
Perche { 9 pieds 1/2	3	085	
18	5	846	
19	6	171	
20	6	496	
22	7	145	
24	7	795	
25	8	118	
26	8	445	
Lieue { de 2000 toises	3897	79	
de 25 au dégré	4444	44	

Tableau des aunes (mèt.) :

AUNE		mèt.
2/3 de celle de Paris		0 792
3/4 idem		0 891
de 29 pouces 8 lignes		0 803
— 30 pouces		0 812
— 31 pouces 6 lignes		0 852
— 32		0 866
— 32 6		0 880
— 33		0 893
— 34		0 920
— 36 8		0 992
— 42		1 136

MESURES DE CAPACITÉ POUR LES SUBSTANCES MINÉRALES.

NOMS DES ANCIENNES MESURES.	leur VALEUR en litres.		Observations.
Sel.			
	litres.		(1) La capacité de cette mesure variait suivant les communes. Ces deux mesures étaient déjà peu employées en 1789. On vendait le sel à la livre et au quintal.
Minot	50	7	
Boisseau (1)			
Plâtre.			(2) C'est la même que celle des liquides.
Feuillette (2)	139	68	La capacité de ces mesures variait suivant les communes.
Bichet et Boisseaux			Le plâtre se vendait aussi au poids et à la toise cube lorsqu'il était brut. Ces deux modes sont encore employés.
Chaux.			
Muid (3)	279	,12	(3) Ces mesures sont les mêmes que celles des liquides.
Feuillette	139	,56	

MESURES DE CAPACITÉ POUR LA VENTE DU CHARBON DE BOIS.

Muid	279	12
Feuillette	139	56

Outre ces deux mesures généralement usitées on employait aussi :
1° *le Van*, à vanner les grains, dont la capacité variait et n'est évaluée nulle part. Ce van en usage dans les ventes n'était pas le même que *le van* des ports qui valait deux feuillettes environ ; le premier étant à peu près le 1/3 du second.

2° *Le muid des ports* qui était une grande mesure contenant 18 vans et valant 36 feuillettes ; cependant sa valeur variait suivant la manière de mesurer, se réduisant en quelques endroits à 31 feuillettes.

3° *La Banne* ou *le Banneau*, mesure qui servait pour le transport du charbon sur les chariots. Sa capacité n'avait rien de fixe. Elle conténait plus ou moins de feuillettes.

(Extrait d'un tableau des anciennes mesures publié en l'an 6)

MESURES POUR LA VENTE DES BOIS.

NOMS DES ANCIENNES MESURES.				leur VALEUR en stères.		Observations.
BOIS DE CHAUFFAGE. *La buche étant de*					stères.	
MOULE (1)		3 pi. 6 p.		0	618	(1) Ce moule usité à Auxerre a 27 pouces 3 lignes de couche sur 27 p. 3 l. de hauteur.
		4	2	0	736	
CORDE — de 4 p. de couche sur une hauteur de 2 p. 3 6				0	96	
de 6 p. de couche sur une hauteur de 3	3	6		2	16	
	6	3	6	4	366	
		4	2	5	14	
	4	3	6	3	84 (2)	(2) C'était la corde dite de cuisine, la plus usitée.
	4	4	2	4	566	
	4 6	3	6	4	315	
de 8 p. de couche sur une hauteur de	5	5	6	4	79 (3)	(3) Corde de Port ou demi-décastère.
	6	3	6	5	75	
	6	4		6	575	
	7	3	6	6	85	
	7	4	2	7	97	
	8	3	6	7	67	
de 9 p. de couche sur une h. de	4 6	3	6	4	854	(4) Grande corde de vente.
de 10 p. sur	5	3	6 (4)	5	99	
de 20 p sur	2 7	3	7	6	39	
BOIS DE CHARPENTE. Solive ou pièce de 5 pi. cubes				0	1028	

Je n'ai pas cru nécessaire de rapporter dans le tableau précédent toutes les espèces de cordes employées dans les communes 1° Parce qu'il y en a un grand nombre qui variaient tout au plus d'un pouce ou deux de celles que j'ai données; ce qui peut être attribué au peu d'exactitude dans le mesurage. 2° Parce que cette espèce de mesure n'est presque plus usitée et n'a laissé, dans les actes anciens, que bien peu de traces.

La corde se divisait en demie ou pilon, et en quart ou cordon. Dans quelques communes on mesurait le bois par pilon de 13 rangs. Les longueurs inférieures des bûches à 3 pieds 4 pouces et même 6 pouces étaient employées pour le bois de charbonnage.

MESURES DE PESANTEUR.

NOMS DES ANCIENNES MESURES.	LEUR VALEUR en kilogrammes, grammes, etc.			Observations.
La livre de 16 onces		kil.	g.	
8 gros 72 grains	0	489	5	
l'once		030	59	
le gros		003	82	
10 grains		000	53	
1 grain		000	05	
le quintal	48	950	06	

CHAPITRE III.

TABLEAU de toutes les communes du département avec les mesures agraires, de capacité pour les liquides et les grains, usitées dans chacune d'elles en 1789.

ARRONDISSEMENT D'AUXERRE.

L'arpent de 100 perches carrées se divisait en 1/2, 1/3, 1/4 et 6 danrées dans presque toutes les communes. — Il y avait aussi l'arpent de 120 perches, appelé grand arpent, qui se divisait en trois journaux et était usité dans quelques communes. — Les prés se mesuraient dans plusieurs autres à l'arpent de 80 perches. — L'arpent pour les vignes se divisait en 6 danrées, et dans quelques pays, en 5 parisées. — J'ai indiqué cette dernière mesure aux communes où elle était usitée. — Les perches étaient à 20, 22, 24 et 26 pieds.

NOMS DES COMMUNES.	mesures agraires. l'arpent de 100 perches carrées la perche de	MESURES DE CAPACITÉ	
		POUR LES LIQUIDES le muid de 300 pintes de Paris. LA PINTE	POUR LES GRAINS évaluées en livres. LE BICHET PESANT
	pieds.		livres.
Accolai	22	jauge	80
Aigremont	20	de Paris	80
Andryes	22	double de Paris	70 le boisseau
Appoigni	22	jauge	84 *idem*
Arci-sur-Cure	......	*Voyez* Vermenton	. . . .
Augi	22	de Paris	d'Auxerre
Auxerre	22	de 53 pouces cubiq. anciens (1)	60 (2) *R.* le boiss.
Avrolles	......	*V.* Saint-Florentin	. . . .
Bazarnes	22	jauge	80 le boisseau
Beaumont	......	*V.* Seignelai	. . . .
Beauvoir	22	jauge	80 (3)
Beine	20	de 3 livres 2 onces	90 *C.* le boisseau
Bessi	......	*V.* Vermenton	. . . .
Bleigni-le-Carreau	22	de 4 demi-setiers	80 (4) le boisseau

(1) Celle du Chapitre de St.-Etienne était de 62 pouces cubiques.

(2) Celui de l'Hôtel-de-Ville ne pesait que 57 livres. Celui que nous donnons comme plus usité est celui du Chapitre. Le bichet de l'abbaye St.-Germain était de 64 livres.

(3) On usait aussi du bichet du Chapitre d'Auxerre et du quintal.

(4) On usait aussi de la mesure de l'abbaye de St.-Germain d'Auxerre.

| NOMS | mesures agraires. | MESURES DE CAPACITÉ | |
| | l'arpent de 100 perches carrées la perche de | POUR LES LIQUIDES le muid de 300 pintes de Paris. | POUR LES GRAINS évaluées en livres. |
DES COMMUNES.		LA PINTE	LE BICHET PESANT
	pieds.		livres.
Bois-d'Arci	. . . . .	*V*. Vermenton	. . . .
Bouilli	. . . . .	*V*. Mont-St.-Sulpice	. . . .
Chablis	24	de 3 livres 2 onces	72 *R*. le boisseau
Champs	22(1)	de Paris	66 le boisseau
Charbui	22	1/3 plus gr. qu'à Paris	d'Auxerre, de Touci
Charentenai	22	1/3 plus gr. qu'à Paris	86 *R*. le boisseau
Chastenai	. . . . .	*V*. Ouaine	. . . .
Chemilli pr. Seign.	22	2/3 plus gr. qu'à Paris	84 *R*. le boisseau
Chemilli-sur-Ser.	20(2)	de Paris	de Tonnerre
Cheni	22	jauge	de Seignelai
Chéu	. . . . .	*V*. Saint-Florentin	. . . .
Chevannes	22	double de Paris	80 et d'Auxerre
Chichée	26	de 3 livres 2 onces	90 *C*. le boisseau
Chichi	. . . . .	*V*. Mont-St.-Sulpice	. . . .
Chitri	22(3)	1/3 plus gr. qu'à Paris	85 le boisseau (4)
Coulanges-les-V.	. . . . .	*V*. Auxerre	. . . .
Coulangeron	. . . . .	*V*. Ouaine	. . . .
Coulanges-sur-Y.	22(5)	1/3 plus gr. qu'à Paris	70 *R*. le boisseau
Courgis	24	de 3 livres 2 onces	86 *C*. le boisseau
Courson	22	1/3 plus gr. qu'à Paris	86 *R*. le boisseau
Crain	. . . . .	*V*. Coulanges-sur Y.	(6) . . . . . .
Cravant	22	de 12 verres	70 (7) le boisseau
Diges	22	de 4 demi-setiers	88 *R*. le boisseau
Draci	22	de 16 verres	84 le boisseau
Druyes	22	double de Paris	70 à 72 le boiss.
Egleni	22	1/3 plus gr. qu'à Paris	100 *C*. le boisseau
Escamps	. . . . .	*V*. Ouaine	. . . .
Escolives	. . . . .	*V*. Auxerre	. . . .
Essert	. . . . .	*V*. Vermenton	. . . .
Etais	22	double de Paris	72 le boisseau
Festigni	. . . . .	*V*. Coulanges-sur-Y.	. . . .
Fontenailles	22	1/3 plus gr. qu'à Paris	84 *R*. le boisseau
Fontenai p. Chablis	. . . . .	*V*. Chablis	. . . .
Fontenai-sous-F.	22	de 64 pouces cubiq.	80 le boisseau
Fontenoi	22	de 3 livres 6 onces	84 le boisseau
Fouronnes	22	1/3 plus gr. qu'à Paris	70 le boisseau

(1) La parisée pour les vignes.
(2) Le journal de 66 perc. 2/3.
(3) La parisée pour les vignes.
(4) En 1750 on usait aussi du bichet d'Auxerre de 57 livres.
(5) Le journal de 40 perches.
(6) On usait aussi du bichet d'Auxerre.
(7) On usait aussi du bichet du Chapitre d'Auxerre.

NOMS DES COMMUNES.	mesures agraires. l'arpent de 100 porches carrées la perche de	MESURES DE CAPACITÉ	
		POUR LES LIQUIDES. le muid de 300 pintes de Paris. LA PINTE.	POUR LES GRAINS évaluées en livres. LE BICHET PESANT
	pieds.		livres.
Fié	20	de 3 livres 2 onces	72 *R.* le boisseau
Germigni	22 (1)	de Paris	80 *R.*
Gurgi	......	*V.* Seignelai	....
Gi-l'Evêque	......	*V.* Auxerre	....
Hauterive	......	*V.* Héri	....
Héri	22	1/3 plus gr. qu'à Paris	84 le boisseau (2)
Iranci	22	*idem*	70 le boisseau
Jaulges	......	*V.* Saint-Florentin	....
Jussi	......	*V.* Auxerre	....
La Chapelle-Vaup.	20	double de Paris	90
Lain	22	de 16 verres	90 le boisseau
Lainsecq	22	*idem*	84 le boisseau
Lalande	22	3 livres 6 onces	*idem*
Leugni	22	pinte 1/2 de Paris	*idem*
Lévis	......	*V.* Ouaine	....
Lichères pr. Aigr.	22 le jl.	de Paris	70
Lignoreilles	20	double de Paris	90
Ligni	22	1/2 setier p. g. q. Paris	90 le boisseau
Lindri	22	de jauge	Touci et chap. d'Aux.
Luci-sur-Cure	......	*V.* Vermenton	....
Luci-sur-Yonne	22 (3)	de Paris	Coulanges-sur-Y.
Mailli-la-Ville	......	*V.* Mailli-Château	....
Mailli-le-Château	22	de 64 pouces cubiq.	84 le boisseau
Maligni	20	double de Paris	90
Méré	22	1/2 setier p. g. q. Paris	90
Merri Sec	*id.*	*idem* (4)	86 *R.* le boisseau
Merri-sur-Yonne	*id.*	de 64 pouces cubiq.	70 le boisseau
Migé	*id.*	de Paris.	84 le boisseau
Milli	*id.*	de 3 livres 2 onces	72 *R.* le boisseau
Molesme	*id.*	double de Paris	88 à 90 le boisseau
Monétau	*id.*	d'Auxerre	60 le boisseau
Montigni	*id.*	quatre demi-setiers	*idem*
Mont-St.-Sulpice	*id.*	jauge	80 *R.* le boiss. (5).
Mouffi	*id.*	*V.* Courson	....
Moulins	*id.*	de Paris et jauge	de Touci

(1) La perche de 22, servait pour l'arpent de 120 perches, on usait d'une de 20, pour l'arpent de 100 perches.

(2) On usait aussi du bichet de 64 liv. de l'abbaye de S.-Germain d'Aux.

(3) Journal de 40 perches.

(4) Celle de Paris pour les légumes.

(5) On usait aussi du bichet de l'abbaye St.-Germain d'Auxerre de 64 livres.

NOMS DES COMMUNES.	mesures agraires. l'arpent de 100 perches carrées la perche de	MESURES DE CAPACITÉ	
		POUR LES LIQUIDES. le muid de 300 pintes de Paris. **LA PINTE.**	POUR LES GRAINS évaluées en livres. **LE BICHET PESANT**
	pieds.		livres.
Moutiers	22	de 3 livres 6 onces	74 R. 87 C.
Ormoi	......	V. Mont-St.-Sulpice	
Ouaine	22	pinte 1/2 de Paris	84 à 90 le boisseau
Parli	id.	de 4 demi-setiers	de Touci
Perreuse	id.	de 16 verres	72 à 74 R. le boiss.
Perrigni	......	V. Auxerre	
Poinchi	20	de Chablis	72 R. le boisseau
Pontigni	22	2/5 plus gr. qu'à Paris	d'Auxerre et Ligni
Pourrain	......	V. Touci	(1)
Prégilbert	22	de 64 pouces cubique	80 le boisseau
Préhi	24	de Chablis	66 R. le boisseau
Quenne	22 (2)	jauge	85 le boisseau
Rebourseaux	......	V. Mont-St.-Sulpice	
Rouvrai	22	jauge	64 R.
Saci	id.	jauge	80
Sainpuits	id.	de 16 verres	72 à 74 R. le boiss.
Saint-Bris	22 (3)	de Paris	66 le boisseau
S.-Cyr-les-Coulons	22	jauge	72 le boisseau
Saint-Florentin	22 (4)	de Paris	80 R.
Saint-Georges	......	V. Auxerre	
Saints	......	V. Saint-Sauveur	
Saint-Sauveur	22	3 livres 8 onces	74 R. 87 C.
Sainte-Colombe	id.	3 livres 6 onces	idem
Sainte-Pallaie	id.	jauge	70
Seignelai	id.	2/5 plus gr. qu'à Paris	84 R. le boisseau
Sementron	......	V. Ouaine	
Seri	22	de 64 pouces cubique	70 le boisseau
Sougères	id.	de 16 verres	72 le boisseau
Taingi	id.	double de Paris	90
Thuri	id.	le 80e de la feuillette	84 le boisseau
Touci	id. (5)	de jauge	84 R. On mesurait aussi au quintal de St.-Amand, pesant 73 à 74 (6)
Treigni	22	de 24 verres	
Truci-sur-Yonne	id.	de 64 pouces cubique	80 le boisseau

(1) On usait aussi du bichet du Chapitre d'Auxerre.
(2) La parisée de 20 perches pour les vignes.
(3) La parisée pour les vignes.
(4) Deux arpents, celui à la grande mesure de 120 perches à 22 pieds et celui de 100 perches à 20 pieds.
(5) L'arpent pour les prés est de 80 perches.
(6) On employait aussi celle de Saint-Sauveur.

NOMS DES COMMUNES.	mesures agraires. l'arpent de 100 perches carrées la perche de	MESURES DE CAPACITE	
		POUR LES LIQUIDES le muid de 360 pintes de Paris. LA PINTE.	POUR LES GRAINS évaluées en livres. LE BICHET PESANT
	pieds.		livres.
Val-de-Merci	22	de Paris	84 le boisseau
Vallan	. . . . . .	V. Auxerre	. . . .
Varennes	. . . . . .	V. Ligni	. . . .
Vaux	. . . . . .	V. Auxerre	. . . .
Venouse	20	de jauge	de Seignelai
Venoi	22	2/5 plus gr. qu'à Paris	84 R. le boisseau
Vergigni	. . . . . .	V. Mont-St.-Sulpice	. . . .
Vermenton	22	à peu près de jauge	80 le boisseau
Villefargeau	. . . . . .	V. Auxerre	. . . .
Villeneuve-S Salve	. . . . . .	V. Seignelai	. . . .
Villi	20	double de Paris	90 R.
Vincelles	22	de 12 verres	80 et bichet d'Aux.
Vincelottes	22	de jauge	70 et d'Auxerre

ARRONDISSEMENT D'AVALLON.

L'arpent de 100 perches carrées de 20 ou 22 pieds se sub-divisait en 1/2, 1/3, etc., et en journal qui en valait le 1/3 ou les 2/3. Il y avait un autre journal, dit de Bourgogne, com-posé de 360 perches carrées de 9 pieds 1/2 ; son arpent était de 540 de ces perches. Pour les prés, la soiture de 360 perches et une autre soiture, la même que le journal des 2/3 de l'arpent.

L'ouvrée de vigne était de 8 au journal de Bourgogne et de 10 à l'arpent de 540 perches.

Nota. Les communes qui se servent seulement des perches de 20 ou 22 pieds emploient exclusivement l'arpent de 100 perches. Le journal est alors le 1/3 ou les 2/3 de l'arpent et la soiture de même. Celles qui usent de la perche de 9 pieds 1/2, se servent exclusivement du journal de 360 de ces perches. Leur arpent est comme nous l'avons vu de 540 perches La soiture est alors semblable au journal, et l'ouvrée de 8 au journal.

Après la désignation de la perche, lorsqu'il n'est pas fait mention de journal, c'est qu'on usait de celui de 33 perches 1/3 ou de 66 p. 2/3, ou de 360, selon que les communes usent des perches de 20 et 22 pieds ou de celle de 9 pieds 1/2.

Les signes J 40, J 50 signifient journal de 40 ou de 50 perches.

NOMS DES COMMUNES.	mesures agraires. l'arpent de 100 perches carrées la perche de	MESURES DE CAPACITÉ	
		POUR LES LIQUIDES le muid de 300 pintes de Paris. LA PINTE.	POUR LES GRAINS évaluées en livres. LE BICHET PESANT
	pieds.		livres.
Angeli	20	2 bouteilles de Paris	88 à 90 *C.* en 4 bois.
Annai-la-Côte	9 1/2	d'Avallon	80 *R.* en 4 boiss.
Annéot	22	d'Avallon	*idem*
Annoux	. . . . . .	*V.* Lisle	. . . .
Anstrude	9 1/2	Bourge, 3 p. de Paris	92 *R.* en 4 boiss.
Asnières	22 j, 40	de Paris	90 le boisseau
Asquins	22	*idem*	90 *R.* le boisseau
Athie	9 1/2	pinte 1/2 de Paris	88 *R* le boisseau
Avallon	9 1/2	*idem*	20 *R.* en 4 boiss.
Beauvilliers	*id.*	*V.* Quarré-les-T.	. . . .
Blaci	9 1/2	de Montréal	88 *R.* en 4 boiss.
Blannai	22	de Paris	90 *R.*
Brosses	22 j. 30	*idem*	100 en 4 boisseaux
Bussières	9 1/2	de Quarré	de Quarré
Chamoux	22 j. 50	de Paris	90
Chatel-Censoir	22 (1)	double de Paris	80
Châtelux	9 1/2	de Quarré	de Quarré
Ciseri	*id.*	de Pontaubert	boiss. de Ragni, d'E-poisses, d'Avall.
Civri	20	de Lisle	de Lisle
Coutarnoux	*id.*	*idem*	*id.*
Cussi-les-Forges	9 1/2	de Pontaubert	de Rouvrai
Dissangis	. . . . . .	*V.* Lisle	. . . .
Domeci-sur-Cure	22 j. 50	de Paris	96
Domeci-s.-le-Vault	22	d'Avallon	d'Avallon
Etaules	22	*idem*	*idem*
Fontenai-pr.--Vez.	*id.*	de Paris	90 *R.*
Girolles	*id.*	pinte 1/2 de Paris	d'Avallon
Givri	*id.*	*idem*	90 *R.*
Guillon	9 1/2	Pontaubert, de 3 l. 6°	d'Epois., Montréal
Island	22	une 1/2 de Paris	boisseau d'Avallon
Joux	22	de Paris	80 *R.* en 2 mesures
Levault	22 (2)	une et 1/2 de Paris	d'Avallon
Lichères	22	de Paris	70
Lisle	20	de 2 bout. de Paris	88 *C.* en 4 boiss.
Luci-le-Bois	20	de 3 litres 1/4	88 *C.*
Magni	9 1/2	de Pontaubert	boisseau d'Avallon
Marmeaux	*id.*	une et 1/2 de Paris	88 *R.* en 4 boiss.
Massangis	22	80e de la feuillette	de Lisle

(1) Journal de 37 perches et demie.

(2) Des documents de l'an 1791 portent la perche à 9 pieds 1/2, ainsi que pour toutes les communes de ce canton.

NOMS DES COMMUNES.	mesures agraires. l'arpent de 100 perches carrées la perche de	MESURES DE CAPACITÉ	
		POUR LES LIQUIDES le muid de 300 pintes de Paris. LA PINTE.	POUR LES GRAINS évaluées en livres. LE BICHET PESANT
	pieds.		livres.
Menades	9 1/2	de Paris	80 *R.*
Montillot	22	*idem*	90
Montréal	9 1/2	90e de la feuil. 180 p.	88 *R.* en 4 boiss.
Pierre-Perthuis	22 j 50	de Paris	96
Pisi	9 1/2	de 2 livres 2 onces	88 *R.* en 4 boiss. (1)
Pontaubert	22	de 3 livres 6 onces	d'Avallon
Préci-le-Sec	*id*	2/3 de celle de Paris	80 *R.* en 4 boiss.
Provenci	*id.*	2 bouteilles de Paris	88 en 4 boisseaux
Quarré-les-Tombes	9 1/2	Paris et Pontaubert	boiss. de Rouvrai et bichet de 100 liv.
Saint-André	*id.*	de Pontaubert	d'Avallon, Rouvrai
Saint-Branché	......	*V.* Quarré	. . . .
S.-Germain-des-C.	9 1/2	*idem*	de Quarré
Saint-Léger	*id.*	*idem*	*idem*
Saint-Moré	22	de 4 demi-setiers	96 à 100 *R.*
Saint-Père	*id.*	de Paris	90 *R.*
Sainte-Colombe	*id.*	2 bouteilles de Paris	88 en 4 boisseaux
Sainte-Magnance	9 1/2	*V.* Quarré	*V.* Quarré
Santigni	......	*V.* Guillon	. . . .
Sauvigni-le-Beur.	......	*idem*	. . . . ,
Sauvigni-le-Bois	20	une bout. 1/2 de Paris	boisseau d'Avallon
Savigni-en-T.-Pl.	9 1/2	de Pontaubert	Rouvrai, Epoisses et Ragni
Sceaux	*id.*	de quatre livres	88 *R.* en 4 bois. (2)
Sermiselles	22	pinte 1/2 de Paris	boisseau d'Avallon
Talci	9 1/2	*V.* Montréal	88 *R.* en 4 boiss.
Tharoiseau	22	pinte 1/2 de Paris	90 *R.*
Tharot	*id.*	*idem*	d'Avallon
Thizi	9 1/2	2 et 1/2 de Paris (3) ou 3 livres d'eau	88 *R.* en 4 boiss.
Trévilli	*id.*	de quatre livres	*idem*
Vassi	*id.*	2 et 1/2 de Paris	de Réome de 24 liv.
Vézelai	22	de Paris	90 *R.*
Vignes	9 1/2	2 et 1/2 de Paris	de Réome
Voutenai	22	4 demi-setiers	96 à 100 *R.*

(1) On usait aussi du boisseau de Moutiers-Saint-Jean de 24 livres.
(2) Le hameau de la Maison-Dieu usait d'un boisseau de 20 livres.
(3) Mesure de l'abbaye de Moutiers-Saint-Jean.

ARRONDISSEMENT DE JOIGNY.

Les terres se mesuraient à l'arpent de 100 perches carrées.
— Les prés dans quelques communes à l'arpent de 80 perches carrées de 20 pieds par perche.

L'arpent se divisait en 1/2, 1/3, etc., et en 6 danrées ou enrées qui se subdivisaient en 1/2, 1/4. — La perche était de 20 et 22 pieds carrés.

NOMS DES COMMUNES.	mesures agraires. l'arpent de 100 perches carrées la perche de	MESURES DE CAPACITÉ	
		POUR LES LIQUIDES Le muid de 300 pintes de Paris. LA PINTE	POUR LES GRAINS évaluées en livres. LE BICHET PESANT
	pieds.		livres.
Aillant	20	jauge	72 *R.* le boisseau
Arces	20 (1)	1/3 plus gr. qu'à Paris	80
Armeau	......	*V.* Villen.-le-Roi	. . . .
Bassou	22	1/4 plus gr. qu'à Paris	80 le boisseau
Bellechaume	......	*V.* Brienon	. . . .
Béon	20	1/3 plus gr. qu'à Paris	65 le boisseau
Bléneau	22 (2)	pot de 6 l. pinte de 3 l.	60 en 3 boisseaux
Bligni-en-Othe	......	*V.* Brienon	. . . . . .
Bœurs	......	*V.* Venisi	. . . .
Bonnard	22	de Paris	de Seignelai
Branches	22 (3)	1/3 plus gr. qu'à Paris	75 à 80 *R.* le boiss
Brienon	22 (4)	*idem*	80 R le boisseau
Brion	......	*V.* Saint-Cidroine	. . . . . .
Bussi-en-Othe	......	*V.* Saint-Cidroine	. . . . . .
Bussi-le-Repos	20	de Paris	72 *R.*
Cérilli	20	4 demi-setiers	80 *C.*
Ceriziers	22	pinte et 1/2 de Paris	40 *R.*
Cézi	20	1/3 plus gr. qu'à Paris	65 le boisseau
Chaillei	......	*V.* Venisi	. . . .
Chambeugle	22	de 4 demi-setiers	100 le boisseau
Champcevrais	22	de 3 litres	64 le rez
Champignelles	22	de 3 demi-setiers	100 le boisseau
Champlai	......	*V.* Branches	. . . .

(1) La perche de 20 pieds était usitée dans les terres ou l'abbaye de St.-Pierre-le-Vif avait droit de cens. Celle de 22 pieds dans celles où l'Archevêque de Sens avait ce droit.

(2) On mesurait les prés à la perche de 20 pieds. 80 pour l'arpent; ainsi qu'à Champcevrais, Rogni et Saint-Privé.

(3) Dans le fief des Gâtines, on usait de la perche de 20 pieds.

(4) La perche de 20 pieds servait pour les terres où l'abbaye de Dilo percevait des cens.

NOMS DES COMMUNES.	mesures agraires. — l'arpent de 100 perches carrées la perche de	MESURES DE CAPACITE	
		POUR LES LIQUIDES Le muid de 300 pintes de Paris. LA PINTE	POUR LES GRAINS évaluées en livres, LE BICHET PESANT
	pieds.		livres.
Champlost	. . . . . .	*V.* Venisi	. . . .
Champvallon	20	1/3 plus gr. qu'à Paris	63 le boisseau
Chamvres	. . . . . .	*V.* Cési	. . . .
Charmoi	. . . . . .	*V.* Branches	. . . .
Charni	22	de 4 demi-setiers	100 le boisseau
Chassi	*id.*	1/3 plus gr. qu'à Paris	73 à 74 le boisseau
Chaumot	. . . . . .	*V.* Villeneuve-le-Roi	. . . .
Chêne-Arnoult	20	1/3 plus gr. qu'à Paris	100 le boisseau
Chevillon	*id.*	de 4 demi-setiers	*idem*
Chicheri	. . . . . .	*V.* Branches	. . . .
Coulours	20	1/3 plus gr. qu'à Paris	50 C.
Cudot	. . . . . .	*V.* St.-Julien-du-S.	. . . .
Dici	22	jauge	100 le boisseau
Dilo	20	1/3 plus gr. qu'à Paris	40 (1)
Dixmont	20 (2)	*idem*	72
Epineau-les-Voves	22	1/3 plus gr. qu'à Paris	60 R. 73 C. le bois.
Esnon	20	de 4 demi-setiers	80 R. le boisseau
Fleuri	22	2/3 plus gr. qu'à Paris	85 le boisseau
Fontaines	*id.*	la jauge de 4 demi-st.	80 R.
Fontenouilles	*id.*	de 4 demi-setiers	100 le boisseau
Fournaudin	. . . . . .	*V.* Coulours	. . . .
Grandchamp	20	de Paris	84
Guerchi	*id.*	de 4 demi-setiers	75 à 80 C.
Joigni	*id.*	1/3 plus gr. qu'à Paris	63 le boisseau (3)
La Celle-St.-Cir	. . . . . .	*V.* Saint-Julien	. . . .
Laduz	20	de jauge	73 à 74 C. le boiss.
Laferté-Loupière	22 (4)	de 4 demi-setiers	100 (5)
La Motte-aux-Aul.	. . . . . .	*V.* Charni	. . . .
Lavau	. . . . . .	*V.* Saint-Fargeau	. . . .
Lavillotte	. . . . . .	*V.* Villiers-S.-Benoît	. . . .
Les Bordes	. . . . . .	*V.* Villeneuve-le-Roi	. . . .
Les Ormes	20	de 3 livres	90
Looze	20	de 4 demi-setiers	de Joigni

(1) En 1698, le boisseau de l'abbaye de Dilo tenait 16 pintes de jauge.

(2) Les terres du prieuré de l'Enfourchure se mesuraient à la perche de 22 pieds.

(3) En 1702, un acte du bailli du comté de Joigni atteste que le bichet de blé du marché public pèse 64 à 66 livres et contient 36 pintes.

(4) Le 1/3 de la paroisse usait de la perche de 20 pieds.

(5) Il y avait aussi un bichet de 90 à 92 livres; il pesait 80 livres en 1723 (Archives de l'abbaye Sainte-Colombe.)

NOMS DES COMMUNES.	mesures agraires. — l'arpent de 100 perches carrées la perche de	MESURES DE CAPACITE	
		POUR LES LIQUIDES le muid de 300 pintes de Paris. LA PINTE.	POUR LES GRAINS évaluées en livres. LE BICHET PESANT
	pieds.		livres.
Louesme	22	de Paris	100 le boisseau
Malicorne	id.	1/3 plus gr. qu'à Paris	idem
Marchais-Beton	id.	de 4 demi-setiers	idem
Merci	20	1/3 plus gr. qu'à Paris	80 R. le boisseau
Merri-la-Vallée	22	jauge de 12 verres	84 le boisseau
Mezilles	id.	jauge	80 R. le boisseau
Migennes	......	V. Saint-Cidroine	. . . .
Neuilli	20 (1)	1/4 plus gr. qu'à Paris	75 à 80 le bois. et bic. de la Charité 60 l.
Paroi-en Othe	20, 22	idem	80 R. le boisseau
Paroi-sur-Tholon	......	V. Cési	. . . .
Perreux	......	V. Charni	. . . .
Piffonds	20	1/4 plus gr. qu'à Paris	de Courtenai
Poilli	22	jauge	73 à 74 R. le boiss.
Préci	20 (2)	de 4 demi-setiers	100 le boisseau
Prunoi	......	V. Charni	. . . .
Rogni	22	3 livres.	64 en 2 rez
Ronchères	......	V. Saint-Fargeau	. . . .
Rousson	22	de 4 demi-setiers.	72 R.
S.-Aubin-Chât.-N.	id.	jauge de 4 demi-set.	d'Aillant et Touci
S.-Aubin-sur-Y,	20	jauge	65 le boisseau
Saint-Cidroine	id.	de 4 demi-setiers	de Joigni
St.-Denis-sur-O.	22	de Paris	100 le boisseau
Saint-Fargeau	22 (3)	2/5 plus gr. qu'à Paris	64 R. le boisseau
St.-Julien-du-Sault	20	jauge	68 à 70 R. le boiss.
St.-Loup-d'Ordon	id.	de 4 demi-setiers	de Courtenai et de Villen.-le-Roi
St.-Martin-des-Ch.	......	V. Saint-Fargeau	. . . .
St.-Martin-d'Ord.	22	1/3 plus gr. qu'à Paris	de Courtenai et de Villen.-le-Roi
St.-Martin-s.-Ocre	id.	de 4 demi-setiers	d'Aillant et Touci
St.-Martin-sur-O.	......	V. Charni	. . . .
St.-Maurice-le-V.	22	jauge	73 à 74 R. le boiss.
St.-Maurice-This.	id.	idem	idem
Saint-Privé	......	V. Saint-Fargeau	60 en 3 boisseaux
St.-Romain-le-P.	......	V. Laferté	. . . .

(1) Dans le fief d'Arblas la perche de 22 pieds.
(2) Une partie du territoire se mesurait á la perche de 22 pieds ainsi qu'à Saint-Loup-d'Ordon.
(3) On mesurait les prés à l'arpent de 80 perches à 20 pieds, ainsi qu'à Lavau, Ronchères, Saint-Martin-des-Champs.

NOMS DES COMMUNES.	mesures agraires. l'arpent de 100 perches carrées la perche de	MESURES DE CAPACITÉ	
		POUR LES LIQUIDES le muid de 300 pintes de Paris. LA PINTE	POUR LES GRAINS évaluées en livres. LE BICHET PESANT
	pieds.		livres.
Senan	20	jauge	72 R.
Sepeaux	22 (1)	90e partie de la feuil.	100 le boisseau
Septfonds	......	*V.* Saint-Fargeau	. . . .
Sommecaise	22	2 livres 10 onces	90 le boisseau
Tannerre	*id.*	2 fois 1/2 celle Paris	100 R. le boisseau
Turni	......	*V.* Venisi	. . . .
Vaudeurs	20	de 4 demi-setiers	50 C.
Venizi	*id.*	*idem*	80 le boisseau
Verlin	......	*V.* Saint-Julien	. . . .
Villechetive	22	de 4 demi-setiers	50 C.
Villecien	20	*idem*	65 le boisseau
Villefanche	......	*V.* Charni	. . . .
Villemer	22	de 4 demi-setiers	75 à 80 R. le boiss.
Villeneuve-le-Roi	20	1/3 plus gr. qu'à Paris	72 R.
Villen -les-Genets	22	de Paris	100 le boisseau
Villevallier	......	*V.* Saint-Julien	. . . .
Villiers-S.-Benoît	22	de 16 verres	84 le boisseau
Villiers-s.-Tholon	*id.*	jauge	60 et 74 R. le boiss.
Volgré	......	*V.* Aillant	. . . .

(1) Les biens du seigneur se mesuraient à la perche de 22 pieds et ont été vendus à cette mesure.

ARRONDISSEMENT DE SENS.

L'arpent de 100 perches carrées et ses subdivisions pour tous les terrains. — Les prés se mesurent quelquefois à la perche de 20 pieds.

NOTA. Dans les communes où des établissements religieux avaient des terres et où ils n'étaient pas seigneurs, ils employaient cependant leur mesure particulière pour leurs propriétés.

NOMS DES COMMUNES.	mesures agraires. l'arpent de 100 perches carrées la perche de	MESURES DE CAPACITÉ	
		POUR LES LIQUIDES. le muid de 300 pintes de Paris. LA PINTE.	POUR LES GRAINS évaluées en livres LE BICHET PESANT
	pieds.		livres.
Bagneaux	(1)	de Paris	38 à 40 R.
Brannai	20	de jauge (2)	40 R.
Champigni	id.	de Paris	40 R.
Chaumont	. . . . . .	V. Villen.-la-Guiard	. . . .
Chéroi	20	de 4 liv. 2 onces (3)	40
Chigi	22	de Sens	42 et bichet de Sens
Collemiers	20	de 10 verres	de Sens
Compigni	18	double de Paris	de Brai
Cornant	20	jauge	de Sens
Courceaux	19	2 fois celle de Paris	de Brai
Courgenai	20	jauge	38
Courlon	18	2 fois celle de Paris	de Montereau
Courtoin	20	jauge	40 et de Sens
Courtois	. . . . . .	V. Sens	. . . .
Cui	18	1/3 plus gr. qu'à Paris	de Sens
Dollot	20	jauge (4)	40 R.
Domats	id.	jauge	36 et de Courtenai
Egriselles	id.	de Sens	de Sens
Etigni	id.	jauge	idem
Evri	19	1/3 plus gr. qu'à Paris	idem
Flaci	(6)	de Paris	38
Fleurigni et Vall.	20	double de Paris	40 R. et de Sens
Foissi	id.	1/4 plus gr. qu'à Paris	40
Fontaine-la-Gaill.	id.	de Paris	de Sens
Fouchères	id.	jauge (5)	idem
Gisi	id.	1/3 plus gr. qu'à Paris	idem
Grange-le-Boccage	id.	double de Paris	40 R. et de Sens
Gron	18	de Paris	de Sens
Joui	20	jauge	40 R.
Labelliole	. . . . . .	V. Montacher	. . . .
Lachapelle-sur-Or.	20	jauge	40
Lailli	id	idem	34 à 36
Lapostolle	id.	idem	36
Les Sièges	18	idem	40
Lixi	. . . . . .	V. Villen.-la-Guiard	. . . .
Maillot	19	de Paris	36

(1) 25 pour les terres et 20 pour les prés.
(2) Outre le muid de Paris, on usait aussi du poinçon d'Orléans.
(3)   idem.
(4)   idem.
(5)   idem.
(6) La perche de 20 pieds pour les prés et 22 pour les terres.

NOMS DES COMMUNES.	mesures agraires. l'arpent de 100 perches carrés la perche de	MESURES DE CAPACITÉ	
		POUR LES LIQUIDES. le muid de 300 pintes de Paris. LA PINTE.	POUR LES GRAINS évaluées en livres. LE BICHET PESANT
	pieds.		livres.
Mâlai-le-Vicomte	22	de 4 demi-setiers	de Sens
Mâlai-le-Roi	22	(1) idem	40 R.
Marsangis	20	jauge	de Sens
Micheri	18	1/5 plus gr. qu'à Paris	38
Molinons	20	jauge	40 R.
Montacher	20	jauge (1)	40 R.
Nailli	20	de Paris	36
Noé	22	de 4 demi-setiers	36
Pailli	......	V. Sergines (2)	de Brai
Paron	......	V. Sens	......
Passi	20	jauge	de Sens
Plessis-du-Mée	18	double de Paris	de Brai
Plessis-Saint-Jean	(3)	V. Sergines	de Brai
Pont-sur-Vanne	22	de 4 demi-setiers	de Sens et de 40 C.
Pont-sur-Yonne	20	1/5 plus gr. qu'à Paris	40
Rozoi	20	de Sens	de Sens
Saint-Aignan	......	V. Villen.-la-Guiard	......
Saint-Clément	20	de Paris	de Sens
Saint-Denis	18	idem	idem
St.-Martin-du-T.	20	de 3 demi-setiers	idem
St.-Mart.-sur-Or.	20	de 3 demi-setiers 1/2	idem (4)
S.-Maur.-a.-R-H.	19	de Paris	42
Saint-Valérien	20	jauge (5)	40 R.
Saligni	18 (6)	de Paris	de Sens
Savigni	20	jauge	de Courtenai
Sens	20 (7)	moins g. qu'à Paris (8)	36
Serbonnes	18	1/5 plus gr. qu'à Paris	Montereau, Sens
Sergines	18	double de Paris	38 R.
Sognes	19	idem	de Sens
Souci	19 (9)	de Paris	de Sens

(1) On usait aussi du poinçon d'Orléans.
(2) Le hameau de Servins usait de la perche de 20 pieds.
(3) Le hameau de Grange-Neuve usait de la perche de 20 pieds.
(4) Le bichet de la commanderie de Launai tenait 26 litres.
(5) On usait aussi du poinçon d'Orléans.
(6) Les terres de l'abbaye St.-Pierre-le-Vif se mesuraient à 19 pieds.
(7) La perche du Chapitre et de l'abbaye St.-Pierre-le-Vif était de 19 pieds. Celle de l'abbaye Ste.-Colombe 18 pieds. Celle de l'Archevêché et de l'abbaye Saint-Jean 20 pieds.
(8) L'étalon vérifié en l'an 6 tenait 0 lit. 907. — La jauge était la pinte du chapitre St.-Etienne.
(9) A Jouanci la perche avait 18 pieds.

NOMS	mesures agraires. — l'arpent de 100 perches carrées la perche de	MESURES DE CAPACITÉ	
DES COMMUNES.		POUR LES LIQUIDES le muid de 300 pintes de Paris. — LA PINTE	POUR LES GRAINS évaluées en livres. — LE BICHET PESANT
	picds.		livres.
Subligni	. . . . . .	*V.* Sens	. . . .
Theil	(1)	1/4 plus gr. qu'à Paris	de Sens et de 40
Thorigni	20	jauge	40
Valleri	20	de jauge	de Chéroi
Vareilles	(2)	de Paris	40 C.
Vaumort	22	de 16 verres	40
Vernoi	(3)	jauge	de Courtenai
Véron	20	de Sens	de Sens
Verlilli	19	double de Paris	38 R.
Villeblevin	. . . . . .	*V.* Villen.-la Guiard	. . . .
Villebougis	20	jauge (4)	de Sens
Villegardin	. . . . . .	*V.* Montacher	
Villemanoche	19	1/5 plus gr. qu'à Paris	Pont-sur-Y. C. et de Sens
Villenavotte	20	*idem*	de Sens
Villen.-l Archev.	(5)	de Paris (6)	38 à 40 R.
Villen.-la-Dondag.	20	jauge	de Sens
Villen.-la-Guiard	20	de Paris (7)	40 R.
Villeperot	18	1/5 plus gr. qu'à Paris	de Sens
Villeroi	. . . . . .	*V.* Sens	. . . .
Villethierri	. . . . . .	*V.* Villen.-la-Guiard	. . . .
Villiers–Bonneux	19	de Paris	de Sens
Villiers-Louis	22	*idem*	*idem*
Vinneuf	18	double de Paris	de Montereau
Voisines	20	de Paris	de Sens

(1) 22 et 20 pour les prés.
(2) 22 et 20 pour les prés.
(3) 22 et 20 pour les prés.
(4) On usait aussi du poinçon d'Orléans.
(5) 25 et 20 pour les prés.
(6) Autrefois la pinte était de quatre demi-setiers. Dans le travail de l'an VI, elle ne vaut que 0 litre 893.
(7) On usait aussi du poinçon d'Orléans.

ARRONDISSEMENT DE TONNERRE.

Les terres se mesuraient à l'arpent de 100 perches carrées de 20 et 22 pieds, et au journal de 360 perches carrées de 9 pieds 1/2. — L'arpent se divisait en 1/2, 1/3, etc., et en journal qui en valait les 2/3 ou les 3/4. — Pour les vignes, l'ouvrée ou hommée, ou fête de 8 ou 10 à l'arpent. — Pour les prés, la scée ou soyture valant les 2/3 de l'arpent.

Nota. Quant après la valeur de la perche il n'est point désigné de journal, c'est qu'il est de 66 perches 2/3.

NOMS DES COMMUNES.	mesures agraires. l'arpent de 100 perches carrées la perche de	MESURES DE CAPACITÉ POUR LES LIQUIDES le muid de 300 pintes de Paris. LA PINTE.	POUR LES GRAINS évaluées en livres. LE BICHET PÉSANT
	pieds.		livres.
Aisi	20 (1)	de Ravières	88 la mesure
Anci-le-Franc	20 j. 1/3 de l'arp	80e de la feuillette de 150 pintes	93 à 96 C. la mes.
Anci-le-Serveux	id.	idem	idem
Annai	20	80e partie de la feuil.	90 la mesure
Argentemai	20	double de Paris	2 boiss. 1/2 de Paris
Argenteuil	20	« «	d'Anci-le-Franc
Arthonnai	20	double de Paris	60
Baon	20	de 16 verres	75 la mesure
Bernouil	20	de Tonnerre	de Tonnerre
Béru	20	double de Paris	idem
Beugnon	......	V. Neuvi	. . . .
Butteaux	20	de 4 demi-setiers	80
Carisei	(2)	de 4 demi-setiers	84 à 86
Censi	. . .	V. Noyers	
Chassignelles	20	« «	d'Anci-le-Franc
Châtel-Gérard	22	80e partie de la feuil. de 150 pintes	90
Chenci	20	double de Paris	72 la mesure
Collan	20 (3)	idem	de Tonnerre
Commissei	20	80c de la feuil. 150 p.	90 C. la mesure
Crusi	20	de 3 pintes de Paris	88 la mesure
Cri	20	de Paris	de Ravières
Cusi	20	« «	d'Anci-le-Franc
Dannemoine	20	pinte 1/2 de Paris	75 la mesure
Dié	. . . .	V. Carisei	. . . . . .

(1) Pour les prés surtout. On usait aussi de la perche de 9 pieds 1/2.
(2) 22 pour les terres et 20 pour les vignes et les prés.
(3) A Rameau on usait de la perche de 22 pieds.

NOMS DES COMMUNES.	mesures agraires — l'arpent de 100 perches carrées la perche de	MESURES DE CAPACITE	
		POUR LES LIQUIDES le muid de 300 pintes de Paris. LA PINTE.	POUR LES GRAINS évaluées en livres. LE BICHET PESANT
	pieds.		livres.
Epineuil	22	de Paris	72 la mesure
Etivei	22 (1)	de Sainte-Reine	88 la mesure
Flée	22	de 16 verres 80c de la feuillette	80 la mesure
Flogni	20	de 4 demi-setiers	72 R. la mesure
Fresnes	22	double de Paris	88 la mesure
Fulvi	. . . .	V. Ravières	. . . . . .
Gigni	20 (2)	double de Paris	76 C. la mes. et bic. d'Anci-le-Franc
Gland	20	idem	90 la mesure
Grimault	20	de 5 demi-setiers	90 la mesure
Jouanci	. . .	V. Châtel-Gérard	
Julli	. . .	V. Ravières	
Junai	. . .	V. Vezinnes	
La Chapelle-V.-F.	. . .	V. Flogni	
Lasson	. . .	V. Neuvi	
Lezinnes	20	« «	d'Anci-le-Franc
Melisei	22 j. 75	de Paris	72 la mesure
Molai	. . .	V. Noyers	. . . . . ,
Molosme	20 j. 75	de Paris	72 la mesure
Moulins	20	ancienne de Tonner.	86 la mesure
Neuvi	20	de Paris	85 R.
Nitri	22	100c de la f. de 150 p.	80 R. la mesure
Noyers	20	de 2 demi setiers 1/2 plus gr. qu'à Paris	90 C. 75 R. la mesure
Nuits	. . .	V. Ravières	. . . .
Paci	20	« «	d'Anci-le-Franc
Pasilli	20	V. Châtel-Gérard	de Châtel-Gérard
Percei	20	de 4 demi-setiers	80 le boisseau
Perrigni	. . .	V. Aisi	84 R. la mesure
Pimelles	20	jauge	84 à 90 la mesure
Poilli	20	double de Paris	100 C.
Quincerot	20 j. 75	idem	70 R. la mesure
Ravières	20	de Paris	84 R. la mesure
Roffei	. . .	V. Tonnerre	. . . . . .
Rugni	20 j. 75	80c de la feuil. 150 p.	d'Anci-le-Franc
Saint-Martin	20	de Paris	72 la mesure
Saint-Vinnemer	20	double de Paris	90 la mesure
Sainte-Vertu	22	idem	92 la mesure
Sambourg	20	« «	d'Anci-le-Franc

(1) On usait aussi des perches de 9 pieds 1/2 et de 20 pieds.
(2) A la Vesvre on se servait de la perche de 22 pieds.

| NOMS DES COMMUNES. | mesures agraires.
—
l'arpent de 100 perches carrées la perche de | MESURES DE CAPACITÉ | |
		POUR LES LIQUIDES Le muid de 300 pintes de Paris. — LA PINTE	POUR LES GRAINS évaluées en livres, — LE BICHET PESANT
	picds.		livres.
Sarri	. . . .	*V.* Châtel-Gérard	. . . .
Sennevoi-le-Bas	20	double de Paris (1)	76 la mes., le bichet d'Anci était usité
Sennevoi-le-Haut	20	*idem*	*idem*
Serrigni	20	80e de la feuil. 130 p.	de Tonnerre
Sormeri	. . . .	*V.* Neuvi	. . . .
Soumaintrain	. . . .	*idem*	. . . .
Stigni	20	de Paris	84 la mesure
Tanlai	20	double de Paris	d'Anci-le-Franc et de Tonnerre
Thorei	20 j. 75	*idem*	de Tonnerre
Tissei	20	de Paris	de Tonnerre
Tonnerre	20	de Paris (2)	72 la mesure
Trichei	20 j. 75	double de Paris	70 la mesure
Tronchoi	20	de Paris	72 la mesure
Vezannes	20	*idem*	de Tonnerre
Vezinnes	20	*idem*	de Tonnerre
Villiers-les-Hauts	20	*idem*	84 R. la mesure
Villiers-Vineux	(3)	de 4 demi-setiers	84 à 86 la mesure
Villon	20	double de Paris (4)	76 la mesure, bichet d'Anci-le-Franc
Vireaux	20	« «	96 C. la mesure
Viviers	26	2 pintes 1/2 de Paris	80 la mesure
Yrouer	20	double de Paris	de Tonnerre

(1) On usait aussi du muid de Beaune.
(2) L'ancienne valait 1 litre 21.
(3) 22 pour les terres, 20 pour les vignes et les prés.
(4) On usait aussi du muid de Beaune.

CHAPITRE IV.

§ 1. Système métrique décimal. — Exposition de ce système. — Observations sur l'avantage de son emploi. § 2. Loi du 4 juillet 1837. § 3 et 4. Tableaux des mesures légales et usuelles, et de leurs rapports réciproques.

Les lois des 18 germinal an III, 1er vendémiaire an IV et 14 frimaire an VIII, consacrèrent l'établissement des poids et mesures métriques. Mais l'emploi qu'on était forcé d'en faire n'eût pas lieu sans que de nombreuses réclamations ne vinssent faire sentir le besoin de tolérer les vieilles mesures dont l'usage était encore général. Un décret impérial du 12 février 1812 adoucit donc la rigueur de ces lois. Les modifications qu'il apporta eurent lieu pour les mesures de longueur, de capacité et de pesanteur qui étaient d'un usage journalier. On verra dans les tableaux suivants le rapport de ces mesures dites *usuelles*, avec celles qui seront seules autorisées par la loi au 1er janvier 1840.

Sur les avantages de l'emploi du système métrique.

L'unité et la simplicité du système métrique, l'ont placé depuis sa création, au dessus de tous ceux qu'on avait établis chez tous les peuples anciens et modernes. Quarante ans d'expériences ont démontré aux plus incrédules qu'il était, dans la pratique, d'une supériorité incontestable sur les autres systèmes. Par son uniformité dans toute la France, il a rendu les rapports commerciaux bien plus faciles qu'ils ne l'étaient autrefois, alors qu'à chaque pays on trouvait des mesures différentes qu'une longue étude pouvait seule bien faire connaître.

Sa base est le *mètre*, unité invariable puisqu'elle est prise dans la nature même (1); ses combinaisons dans chaque espèce de mesures, n'empêchent pas à celles-ci d'être intelligibles et faciles à comprendre.

Voici en peu de mots ce système, dont beaucoup de per-

_____

(1) Le mètre est la dix millionième partie du quart du méridien terrestre.

sonnes, encore aujourd'hui, paraissent à tort craindre les difficultés.

Partant du *mètre* (1) pour base, et le mètre, étant une mesure de surface d'une certaine longueur, l'unité *linéaire* ou de *longueur* fut donc le METRE.

Pour les mesures des terrains, on a donné à l'unité le nom D'ARE, mot qui vient du latin *arare* labourer ; l'are, est un carré de dix mètres de côté, qui remplace la perche.

Pour les mesures de capacité des liquides et des grains, on a donné à l'unité le nom de LITRE, vase qui contient un décimètre cube.

Pour celles des solides et des bois en particulier, on a donné à l'unité le nom de STÈRE, qui est une mesure d'un mètre *cube*, c'est-à-dire ayant hauteur, surface et profondeur égales.

Pour celles de pesanteur, on a donné à l'unité le nom de GRAMME, qui est un poids dans le vide d'un centimètre cube d'eau distillée à la température de 4 degrés centigrades.

Et pour les monnaies, on a donné à l'unité le nom de FRANC, qui est un alliage de 9/10 d'argent et 1/10 de cuivre, et qui pèse 5 grammes.

Voilà pour les unités de chaque espèce qui dérivent toutes du mètre comme on peut le voir.

Maintenant, voyons comment on a procédé, pour former leurs composés et leurs diminutifs. Il fallait trouver des termes simples et peu nombreux, faciles à graver dans la mémoire même des petits enfants, et portant avec eux leur signification invariable qu'il suffirait de connnaître une fois pour s'en rappeler parfaitement et en comprendre la valeur qui serait en tous lieux la même. Il fallait rompre entièrement avec l'ancien système, qui, formé d'éléments divers, n'avait pas d'unité. C'est ce qui fut fait. Les savants créateurs du système décimal empruntèrent à la langue grecque, quatre mots pour former les composés de chaque espèce de mesure : ces mots sont *déca* qui signifie 10, *hecto* 100, *kilo* 1000, *myria* 1,0000 ; et à la langue latine, les radicaux de trois mots pour les diminutifs : ces mots sont *déci* 10e, *centi* 100e, *milli* 1000e. Par suite de cette nouvelle manière de compter, les termes composés joints à l'unité sont dix fois plus grands à chaque fois qu'on y ajoute un 0 à droite, et les subdivisés

______

(1) Le mot mètre vient du grec *mètron* qui signifie mesure.

sont dix fois plus petits à chaque 0, placé sur la gauche de l'unité; ce mode de calculs, qui est la base du système et qui rend les opérations très faciles lui a fait donner le nom de décimal.

Pour en rendre encore l'emploi plus facile, on a décidé que chaque mesure aurait son double et sa moitié.

Voici quelques exemples de l'emploi de ces mesures, et de leurs composés et diminutifs.

On désire connaître la surface d'un objet d'une petite dimension; d'un mur, d'un petit espace de terrain, d'une pièce d'étoffe; on prend la mesure de longueur qui est le *mètre*; si l'objet mesuré a 10 mètres, on comptera un décamètre; si il en a 25, on dira un double ou deux décamètres et cinq mètres, ou bien deux décamètres et demi (chaque mesure ayant son double et sa moitié). Cependant on peut dire aussi bien 25 mètres, parce qu'il est plus court dans ce cas d'employer l'unité que les composés.

Soit une pièce de terre à mesurer. L'*are*, unité agraire, étant un carré d'un décamètre de coté, prenez une chaîne appelée décamètre, ou double décamètre et employez-là comme la perche : autant de décamètres carrés vous trouverez dans la pièce autant d'ares, et s'il y en a 100, 200 ou davantage, vous compterez par 1 ou 2 hectares ou davantage; s'il y a des subdivisions du décamètre, vous compterez par déciares et centiares.

Soit une petite quantité de grains à mesurer, vous emploierez le *litre*, unité de cette espèce de mesure. Si la quantité est grande, vous prendrez ses composés, le décalitre, l'hectolitre ou leurs doubles ou leurs moitiés de manière que vous comptez toujours uniformément par 1, 5, 10, 20, 50, 100 litres; ou par demi-décalitre, décalitre, double-décalitre, demi-hectolitre et hectolitre. Les diminutifs du litre, iront également en diminuant par demi, décilitres et centilitres.

Les liquides se mesurent aussi au *litre*; mais on n'emploie pas le décalitre pour les composés, et les diminutifs du litre décroissent de 10 en 10 comme toutes les mesures du système et ont leur double et leur moitié.

Pour les mesures de pesanteur, l'unité étant le *gramme*, mesure dont la base est invariable et qu'on pourra toujours retrouver, car elle a été établie de manière à représenter le poids dans le vide d'un décimètre cube d'eau distillée à la température de 4 degrés du thermomètre centigrade; il est facile de se rendre compte des combinaisons du système dans cette partie. Un gramme pesant un quart de gros environ, on comprendra que pour l'emploi de cette unité, il fallait d'abord établir des composés nombreux à cause de sa petitesse. Ces composés cependant ne sortent pas des éléments du système métrique et sont formés en ascendant des quatre mots qui servent à tous les composés : *déca*, *hecto*, *kilo* et *myria* ajoutés à l'unité gramme; chacune de ces mesures ayant son double et sa moitié. (*V.* le tableau p. 46). Il suffira du plus simple exercice de ces poids, pour s'habituer à les employer; surtout à l'aide de la comparaison que j'en ai établie avec les mesures usuelles.

En résumé, comme nous l'avons dit en commençant ce chapitre, le système métrique décimal présente une grande unité et une grande simplicité : six termes génériques désignent les six espèces de mesures employées dans la société; sept mots en expriment les composés, en tout treize mots à comprendre voilà l'admirable résultat de ce système, qui est destiné à régler un jour les relations de commerce, de tous les peuples de l'univers.

§ 2. LOI DU 4 JUILLET 1837.

Prescrivant l'usage du système métrique.

LOUIS-PHILIPPE, Roi des Français, à tous présents et à venir; Salut.

Nous avons proposé, les Chambres ont adopté, nous avons ordonné et ordonnons ce qui suit :

Art. 1. — Le décret du 12 février 1812, concernant les Poids et Mesures, est et demeure abrogé.

Art. 2. — Néanmoins, l'usage des instruments de pesage et de mesurage confectionnés en exécution des articles 2 et 3 du décret précité, sera permis jusqu'au 1er janvier 1840.

Art. 3. — A partir du 1er janvier 1840, tous Poids et Mesures autres que les Poids et Mesures établis par les lois des 18 germinal an III et 19 frimaire an VIII, constitutives du système métrique décimal, seront interdits sous les peines portées par l'article 479 du Code pénal

ART. 4. — Ceux qui auront des Poids et Mesures autres que les Poids et Mesures ci-dessus reconnus, dans leurs magasins, boutiques, ateliers ou maisons de commerce, ou dans les halles, foires ou marchés, seront punis comme ceux qui les emploieront, conformément à l'article 479 du Code pénal.

ART. 5. — A compter de la même époque, toutes dénominations de Poids et Mesures autres que celles portées dans le tableau annexé à la présente loi, et établies par la loi du 18 germinal an III. sont interdites dans les actes publics. ainsi que dans les affiches et les annonces.

Elles sont également interdites dans les actes sous seing-privé, les registres de commerce et autres écritures privées produits en justice.

Les officiers publics contrevenants seront passibles d'une amende de vingt francs, qui sera recouvrée sur contrainte comme en matière d'enregistrement.

L'amende sera de dix francs pour les autres contrevenans: elle sera perçue pour chaque acte ou écriture privée; quant aux registres de commerce, ils ne donneront lieu qu'à une seule amende pour chaque contestation dans laquelle ils seront produits.

ART. 6. — Il est défendu aux juges et arbitres de rendre aucun jugement ou décision en faveur des particuliers sur des actes, registres ou écrits dans lesquels les dénominations interdites par l'article précédent auraient été insérées, avant que les amendes encourues aux termes dudit article aient été payées.

ART. 7. — Les vérificateurs des Poids et Mesures constateront les contraventions prévues par les lois et réglements concernant le système métrique des Poids et Mesures.

Ils pourront procéder à la saisie des instruments de pesage et de mesurage dont l'usage est interdit par lesdites lois et réglements.

Leurs procès-verbaux feront foi en Justice jusqu'à preuve contraire.

Les vérificateurs prêteront serment devant le tribunal d'arrondissement.

ART. 8. — Une Ordonnance royale réglera la manière dont s'effectuera la vérification des Poids et Mesures.

La présente loi, discutée, délibérée et adoptée par la Chambre des Pairs et par celle des Députés, et sanctionnée par nous cejourd'hui, sera exécutée comme loi de l'Etat.

DONNONS EN MANDEMENT à nos Cours et Tribunaux, Préfets, Corps administratifs, et tous autres, que les présentes ils gardent et maintiennent, fassent garder, observer et maintenir, et, pour les rendre plus notoires à tous, ils les fassent publier et enregistrer partout où besoin sera; et afin que ce soit chose ferme et stable à toujours, nous y avons fait mettre notre sceau.

Fait au Palais des Tuileries, le 4ᵐᵉ jour du mois de juillet l'an mil huit cent trente-sept.

Signé LOUIS-PHILIPPE.

Par le Roi :

Le Ministre secrétaire d'Etat au département des Travaux publics, de l'Agriculture et du Commerce.

Signé MARTIN (du Nord).

§ 3. *Tableaux des mesures légales et de leurs rapports en mesures usuelles.*

(Loi du 18 germinal an 3.)

NOTA Les mesures marquées d'un * n'ont pas d'étalons et ne sont employées que pour exprimer des valeurs composées, leur usage manuel étant impossible à cause du volume dont elles auraient été.

NOMS SYSTÉMATIQUES.	VALEUR.	VALEUR EN MESURES usuelles correspondantes.
MESURES DE LONGUEUR.		
* myriamètre	10,000 mètres	
* kilomètre	1,000 mètres	
* hectomètre	100 mètres	
Chaînes double décamètre	20	
Chaînes décamètre	10	
Chaînes demi-décamètre	5	
double mètre	2	la toise de 6 pieds
MÈTRE	unité fondamentale des poids et mesures.	la demi-toise de 3 pieds
demi-mètre	50 centimètres	1 pied 6 pouces
double décimètre	20 centimètres	« 7 pouces 2 lig. 2/5
décimètre	10 centimètres	« 3 pouces 7 lig. 1/5

Le centimètre et le millimètre sont des mesures de compte.

NOMS SYSTÉMATIQUES.	VALEUR.	VALEUR EN MESURES usuelles correspondantes.
MESURES AGRAIRES.		
hectare	100 ares ou dix mille mètr. carrés.	On n'usait que des mesures légales.
* are	100 mètres carr., carré de 10 mètres de côté	On n'usait que des mesures légales.
centiare	100e de l'are ou mètre carré	On n'usait que des mesures légales.

NOMS SYSTÉMATIQUES.	VALEUR.	VALEUR EN MESURES usuelles correspondantes.
MESURES DE CAPACITÉ POUR LES GRAINS.		
* kilolitre	1,000 litres	
hectolitre	100 litres	
demi-hectolitre	50 litres	le bichet
double décalitre	20 litres	double boiss. moins 5 lit.
décalitre	10 litres	le boiss. moins 2 lit. 1/2
demi-décalitre	5 litres	le 1|2 boiss. moins 1 l. 1/4
double litre	2 litres	le 1/4 du bois. m. 1 lit. 1/8
litre	10 décilitres	le litre semblable
demi-litre	5 décilitres	le 1/2 litre semblable
double décilitre	2 décilitres	le 1/4 de litre moins 1/5
décilitre	1 décilitre	le 1/8 de litre à peu près

NOMS SYSTÉMATIQUES.	VALEUR.	VALEUR EN MESURES usuelles correspondantes.
MESURES DE CAPACITÉ POUR LES LIQUIDES.		
{ kilolitre	1,000 litres	
* { hectolitre	100 litres	
{ décalitre	10 litres	
double litre	2 litres	double litre
litre	*décimètre cube*	litre
demi-litre	5 décilitres	demi-litre
double décilitre	2 décilitres	1/4 de litre
décilitre	1 décilitre	1/8 de litre à peu près
demi-décilitre	5 centilitres	1/16 de litre à peu près
double centilitre	2 centilitres	« »
centilitre	1 centilitre	« »
MESURES DE SOLIDITÉ POUR LES BOIS DE CHAUFFAGE.		
{ décastère	10 stères	
* { demi-décastère	5 stères	On n'usait que des mesures légales.
{ double stère	2 stères	
stère	1 mèt. cube de bois	
Le décistère est une mesure de compte.		

NOMS SYSTÉMATIQUES.		NOMS vulgaires.	VALEUR EN MESURES usuelles.
unité de chaque espèce.	division de chaque espèce		
POIS DECIMAUX.			
myriagramme (10,000 gr.) {	double myriag.	20 kilog.	40 livres
	myriagramme	10 kilog.	20 livres
	demi-myriagra.	5 kilog.	10 livres
(1) kilogram. (1,000 gram.) {	double kilogra.	2 kilog.	4 livres
	kilogramme	1 kilog.	2 livres
	demi-kilogram.	5 hectog.	1 livre
(*) hectogram. (100 grammes) {	double hectogr.	2 hectog	(*) 2 hect. 1/2 valent 1/2 liv.
	hectogramme	1 hectog.	1 hect. 2 décag. 1/2 valent 1/4.
	demi-hectogr.	5 décagr.	6 décag. 2 gramm. valent 2 onces
décagramme (10 grammes.) {	double décagr.	2 décagr.	3 décag. 1 gram. 1/2 valent 1 once.
	décagramme	1 décagr.	1 déca. 1/2 et 1/2 gram. val. 1/2 on.
	demi-décagram.	5 gram.	7 gramm. 8 déci. valent 1/4 d'once.
gramme (2) (unité.) {	double gramme	2 gram.	3 gramm. 9 décig. valent 1 gros.
	gramme	1 gram	
	demi-gramme	5 décigr.	

(1) 1000 kilogrammes est le poids du mètre cube d'eau et du tonneau de mer, et 100 kilo. celui du quintal métrique.

(2) Le gramme se subdivise en déci., centi. et milligrammes qui ne s'emploient que dans les calculs où l'on veut arriver à une extrême précision.

NOMS SYSTÉMATIQUES.	VALEUR.	VALEUR EN MESURES usuelles.
MONNAIE.		
FRANC	5 grammes d'argent au titre de 9/10es de fin	Le franc se divise en 20 sous de 5 centimes chaque.
décime	10e du franc	
centime	100e du franc	

TABLEAU des mesures usuelles et de leurs rapports en mesures légales.

NOMS des mesures.	LEURS SUBDIVISONS.	VALEUR en mesures légales.
MESURES DE LONGUEUR.		
TOISE	6 pieds	2 mètres
demi-toise	3 pieds	1 mètre
pied	12 pouces	1/3 du mètre
pouce	12 lignes	1/36e du mètre ou 27 millimètres 7/9es.
AUNE	2 demi-aunes	120 centimètres
demi-aune	2 quarts-d'aunes	60 centimètres
quart-d'aune	2 huitièmes	30 centimètres
huitième	2 seizièmes	15 centimètres

L'aune vaut trois tiers d'aune : le 1/3 vaut 40 centimètres, le 1/6e 20 centimètres.

MESURES DE CAPACITÉ POUR LES GRAINS.		
BICHET	2 double-boisseaux	1/2 hectol. ou 50 litres
double-boisseau	2 boisseaux	1/4 de l'hect. ou 25 litres
boisseau	2 demi-boisseaux	1/8 de l'hect. ou 12 l. 50
demi	2 quarts-de-boisseau	1/16 de l'hect. ou 6 l. 25
quart	« «	» 3 lit. 125
LITRE	2 demi-litres	litre
demi-litre	2 quarts-de-litre	5 décilitres
quart-de-litre	2 huitièmes	2 décilitres 5 centilitres

NOMS des mesures.	LEURS SUBDIVISIONS.	VALEUR EN MESURES légales.

MESURES DE CAPACITÉ POUR LES LIQUIDES.

décalitre		10 litres
double-litre	2 litres	double-litre
LITRE	2 demi	litre
demi-litre	2 quarts	1/2 litre
quart	2 huitièmes	2 décilitres 1/2
huitième	2 seizièmes	1 décil. 2 centil. 5 mill.

MESURES DE PESANTEUR.

LIVRE	16 onces	1/2 kilog. ou 500 gram.
demi-livre	8 onces	250 grammes
quarteron	4 onces	125 grammes
demi-quarteron	2 onces	62 grammes 5 décigr.
once	8 gros	31 grammes
demi-once	4 gros	15 grammes 6 décigr.
quart-d'once	2 gros	7 grammes 8 décigr.
gros	72 grains	3 grammes 9 décigr.
demi-gros	36 grains	1 gramme 95 centig.
1/4	18 grains	97 centigrammes

Nota. On a toujours employé les mesures légales pour mesurer les grandes longueurs et les solides.

TABLEAU des mesures agraires légales en mesures agraires anciennes.

VALEUR EN PERCHES CARRÉES.

L'are à la perche de (1)

9 p. 1/2	10 p.	44
18	2	92
19	2	45
20	2	36
22	1	95
24	1	64
26	1	40

(1) Pour réduire l'are en perches, il faut, l'are étant un carré de 100 mètres ou 944 pieds carrés, diviser ce nombre de pieds par le nombre de pieds carrés dont est composée la perche.

VALEUR EN ARPENTS.

(2) L'hectare à l'arpent de 100 perches carrées à

18	2 arp. 92 perc.	5	
19	2	45	
20	2	36	9
22	1	95	8
24	1	64 »	5 »
26	1	40	

(2) Même observation que dessus; au lieu d'are mettez hectare, au lieu de perche, l'arpent.

L'hectare au journal de 360 perches | 9 p... | journaux 21 perches.

TABLE DES MATIÈRES.

TABLE DES MATIÈRES.

9 782019 496258